LE

VALHALLA

DES SCIENCES,

ou

LA GALERIE COMMÉMORATIVE DE BLOIS.

OUVRAGES DU MÊME AUTEUR.

—————

La question de l'Équidomoïde et des Cristalloïdes géométriques.
Grand in-8, avec 2 planches; 1875 (et cinq mémoires antérieurs,
1867-1874).

—————

EN PRÉPARATION :

L'Adpulsion moléculaire et universelle.

Petite Géométrie archéologique et historique.

De l'alimentation au point de vue du Telliamédisme et du Niwra-
disme.

LE
VALHALLA

DES
SCIENCES PURES ET APPLIQUÉES,

GALERIE COMMÉMORATIVE
ET
SUCCURSALE DU CONSERVATOIRE DES ARTS ET MÉTIERS DE PARIS,
A CRÉER
DANS LE PALAIS NEUF DE MANSART,
AU CHATEAU DE BLOIS;

PAR

LE Cᵀᴱ LÉOPOLD HUGO.

« Denis Papin naquit à Blois, vers 1650. »

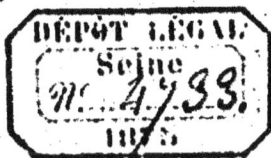

PARIS,
EN VENTE CHEZ TOUS LES LIBRAIRES.
1875

LE

VALHALLA

DES SCIENCES,

ou

LA GALERIE COMMÉMORATIVE DE BLOIS.

Le château de Blois se compose aujourd'hui de deux
parties distinctes, de deux groupes d'édifices et de pavillons, l'un précieux, l'autre grandiose : le premier ap-
précié par les curieux, par les amis de l'histoire aussi
bien que par les amis des arts; le second, celui du fond
même de la cour d'honneur, étonnant le regard, malgré
son état d'abandon, et de belles proportions; celui-ci
presque en ruine, l'autre, le groupe le plus ancien
pourtant, tout resplendissant et presque coquet : c'est
la partie du château rajeunie naguère par les belles res-
taurations de feu Duban.

Mais si le vieux logis des rois offre au visiteur plus

d'intérêt historique, l'avantage, du moins, de la situation appartient aux pavillons de Gaston d'Orléans, au palais neuf édifié par Mansart pour le vieil oncle de Louis XIV.

La cour, en pente douce, monte vers ces grands pavillons, que couronne une imposante toiture, et la sévérité, tempérée pourtant avec art, de la noble architecture de François Mansart, contraste avec la surcharge de détails ciselés ou dorés, aux mille recoins et saillies du multiple palais des Valois.

Dans ce premier groupe d'édifices brillants, où, avec une fantaisie charmante, les emblèmes de Louis XII et de François Ier sont accumulés à l'envi, où se pressent les souvenirs des grands États et des drames royaux, on se plaît à admirer spécialement la richesse de tous les plafonds.

Dans la double salle du xiiie siècle, les voûtes en berceau présentent leurs fleurs de lis sans nombre sur champ d'azur; dans les salons de l'aile royale, les plafonds brillent du plus riche éclat, et leurs poutrelles sont autant d'œuvres d'art. Partout on aperçoit la noble ménagerie d'emblèmes historiques, le bestiaire héraldique : l'hermine bretonne à côté du porc-épic surmonté de la couronne royale, non encore fermée; ici le dauphin, couronné aussi; là le cygne transpercé de Claude de France; enfin, de tous côtés, on voit sculptée la salamandre miraculeuse au collier fleurdelisé.

De l'autre côté de la cour, sur la terrasse méridionale, et non loin de l'observatoire astrologique de Catherine la Médicéenne, une chapelle petite, mais d'un style délicieux, présente au visiteur sa voûte pieusement ornée de motifs charmants. Enfin, en pénétrant au fond de la cour, dans le bâtiment de Gaston, on trouve la double et surprenante coupole donnée pour plafond à l'escalier central par l'élève de Germain Gautier.

Qu'il me soit permis de le dire, à moi dont l'admiration pour les travaux de tant d'artistes est sans bornes, et qui suis heureux de consacrer de trop rares journées à manier les outils et les instruments du sculpteur, du peintre et de l'architecte, j'ai découvert, sachez-le, cher lecteur, j'ai découvert à Blois un plafond plus intéressant, plus beau, dirai-je, que tout ce que nous offrent les magnifiques salles du château.

Je veux parler d'un simple plafond du salon d'attente de la gare de Blois; oui, au chemin de fer!

Voici ce que j'ai découvert et admiré dans ce plafond peu monumental en lui-même, sous lequel tant de voyageurs passent inattentifs chaque jour : il s'agit d'un vitrage octogone, qui est un vitrail, d'ailleurs fort ordinaire, mais sur le pourtour duquel on lit, depuis bien des années, tracés par suite d'ordres intelligents, quatre noms formant une couronne vraiment resplendissante : Watt, Fulton, Stephenson et Denis Papin (1)!

Quatre noms appelés à compter dans l'histoire de l'humanité plus que les noms dramatiques de Henri III, de Guise, de Catherine!

Ces grands noms ont été sans aucun doute inscrits dans cette petite station de chemin de fer parce qu'on s'est souvenu que dans la ville de Blois naquit, il y a plus de deux cents ans, l'humble professeur Denis Papin, le créateur du *cylindre* de nos machines motrices.

Vers 1690 Papin proposait un cylindre à vapeur à condensation. Plus tard il tentait l'utilisation de la pression directe dans le cylindre et faisait construire un bateau sur la Fulda. Les bateliers jaloux détruisirent cet ap-

---

(1) Papin, né à Blois vers 1650; James Watt, né à Greenock en 1736; Robert Fulton, né à Little-Britain (États-Unis) vers 1767; Georges Stephenson, né à Wylam-sur-Tyne, près de Newcastle, en 1781.

pareil primitif. En Angleterre, Savery faisait quelques essais de pompe à feu; mais la première machine industriellement employée fut, comme on le sait, celle de Newcomen et Cowley, munie précisément du cylindre primitif de Papin.

Donnons un souvenir aussi, en passant, au grand théoricien Descartes, fils, comme Papin, des belles contrées ligériennes, et à son ami de Beaune, géomètre blésois.

J'ai vu récemment une gravure xylographique de Hans Burghmaer, d'après Dürer, laquelle, dès le xvıᵉ siècle, présentait le dispositif d'un char automoteur.

La lourde machine est mise en mouvement par l'effort d'un solide manouvrier debout sur la plate-forme d'arrière : cet homme paraît actionner une roue placée devant lui et munie de huit manettes, roue portant sur une de ses faces des chevilles engrenant sur un lanternon. L'axe de ce dernier, vertical, porte une lanterne à sa partie inférieure, et par là il agit à son tour sur une roue motrice garnie latéralement de chevilles. Le tout semble se mouvoir avec une majestueuse lenteur, et le char progresse d'une allure modeste.

Qu'il y a loin de là aux machines locomotives de nos jours, sur lesquelles se trouve placé le cylindre de Papin, et qui dévorent l'espace!

Oui, le plafond de la petite gare de Blois est tout un monde; car la station tient aux rails et le rail est déjà ramifié sans discontinuité dans toute l'Europe; par le steamer, dû à Fulton (1), le rail se continue à travers l'Atlantique, devenu un lac international; et, dans toutes les régions civilisées, les machines de Stephenson (2) courent sur la voie, pendant que les machines de Watt et de Papin

---

(1) Et à un Français, le marquis de Jouffroy.
(2) Et de notre compatriote Seguin.

créent la force dans des milliers d'usines! Aussi dans la cité blésoise, dans le lieu de naissance de Papin, a-t-on eu profondément raison d'inscrire et de grouper ces quatre noms, l'honneur de notre humanité; voilà pourquoi la lecture de ces quelques dizaines de lettres, insignifiantes par elles-mêmes, éveille, dans la pensée du voyageur réfléchi, autant et plus d'intérêt que l'accumulation des bas-reliefs ingénieux et légendaires du vieux palais n'en peut évoquer.

Le lecteur qui aura accepté notre ordre d'idées, un peu philosophique, sera tout préparé à prendre connaissance du projet que l'on veut exposer ici : la froide demeure, aujourd'hui délaissée, élevée pour Gaston d'Orléans, deviendrait un noble Valhalla (1) de la Science.

Ces bâtiments, abandonnés par les régiments auxquels ils servaient de caserne, et par le musée blésois qui en avait occupé quelques salles, sont d'une proportion supérieure aux conditions simplement municipales; c'est un établissement patriotique et même humanitaire qu'il convient d'y créer, sous le patronage du souvenir de Papin, le grand physicien français du xviie siècle! Quel effet grandiose ne produirait pas, dans la haute salle où fut l'escalier militaire, la statue colossale de Cortot longtemps admirée au Panthéon et qui symboliserait l'immortalité scientifique (2)!

Voici mon rêve : l'administration si active et si pro-

---

(1) Valhalla, l'Empirée scandinave, le lieu de réunion des grands hommes dans les antiques Champs-Élysées.

(2) Les moulages du Louvre pourraient sans doute fournir quelques figures allégoriques intéressantes, peut-être même au complet l'immortelle Décade mythique; le Dieu des Sciences et les neuf Muses (en singulière correspondance, soit dit en passant, avec les neuf chiffres et le zéro, la traduction des neuf polyèdres réguliers et de la sphère, formant la Décade infranchissable et éternelle de la science primordiale).

gressive du *Conservatoire des Arts et Métiers* serait mise en possession de ce beau palais, un corps et deux pavillons; extérieurement, au centre de la colonnade demi-circulaire, rétablie il y a peu de temps au fond de la cour, serait placée une statue en pied de Denis Papin, dominant la cour d'honneur; à l'intérieur du palais, les statues des savants de l'antiquité et des époques récentes prendraient place dans un ordre monumental, et se détacheraient, avec des inscriptions appropriées, sur les murs convenablement teintés ; des tableaux représenteraient les portraits des savants, des industriels, des ingénieurs et des administrateurs techniques ; de grandes toiles seraient consacrées à retracer des scènes intéressantes de l'histoire des sciences (1), de l'aérostation, etc.

Des salles de modèles, une salle d'instruments, une salle géographique, etc., une bibliothèque même seraient constituées, fût-ce avec un caractère provisoire. Le Conservatoire de Paris trouverait sans doute dans ses magasins, comme dans divers dépôts publics, des doubles et des plâtres à expédier sur le Valhalla de Blois. Les statues, comme à Versailles dans les premiers temps, seraient en stuc; les industries étrangères et nationales pourraient être invitées à fournir des bustes et des tableaux commémoratifs.

Ce serait le Versailles de la science, un établissement précieux à bien des titres pour les siècles futurs. Tel est

---

(1) Telles que Cicéron retrouvant la stèle funéraire d'Archimède, Palissy jetant ses meubles dans son four, Franklin reçu par les savants de Paris, etc., etc. Il existe à la Présidence, quai d'Orsai, deux intéressants plafonds peints par mon défunt maître Horace Vernet. Ces deux tableaux symbolisent la vapeur en deux de ses manifestations : le steamer et la locomotive. Ce seraient, dans la décoration d'une galerie commémorative des inventeurs, deux objets de premier ordre. Dans un salon officiel, ils passent aujourd'hui fort inaperçus.

mon rêve, cher lecteur; puisse-t-il se réaliser quelque jour à Blois, sous l'égide du souvenir laissé par le grand physicien français Papin (1), et même ailleurs encore, en Europe.... ou dans la grande et puissante Amérique!

PROJET DE CLASSEMENT

POUR

LE VALHALLA DES SCIENCES.

Physique théorique et mathématique. — Physique expérimentale. — Physique appliquée et aérostation. — Météorologie. — Astronomie. — Géodésie. — Géographie et découvertes. — Chemins de fer et usines. — Mécanique. — Mines et machines. — Constructions. — Marine. — Ethnographie. — Géologie. — Minéralogie et Cristallographie. — Paléontologie. — Chimie théorique. — Chimie industrielle. — Chimie organique. — Botanique. — Agriculture et Silviculture. — Zootechnie. — Zoologie scientifique. — Micrographie. — Anthropologie. — Sciences médicales.

---

(1) En terminant cette Note, pleine du souvenir d'un physicien français, qu'il me soit permis de rendre hommage à un physicien autrefois ami de mon père, à un théoricien très-original, médecin comme l'ingénieux Papin, à M. le docteur Jules Guyot, auteur, dès 1832, d'un *Traité de Physique* proclamé par le célèbre Wheatstone un Monument de cette science que les Anglais nomment encore la Philosophie naturelle. Jules Guyot fut « le précurseur, il fut l'initiateur des idées modernes en Physique ».

L'Académie des Sciences a des *Correspondants* dans chacun de ses groupes (ou *Sections*, au nombre de onze), mais elle n'en a pas auprès du groupe des *Académiciens libres*. Il serait très-rationnel, ce me semble, que cette Section eût aussi son cadre de Correspondants : des hommes tels que feu Jules Guyot pourraient ainsi se trouver plus facilement rattachés à l'Académie.

LE CHATEAU DE BLOIS.

Le château de Blois domine la Loire à 3o mètres d'altitude.

Les bâtiments et la chapelle formant l'aile méridionale (à gauche de la cour) font face à la vallée et au fleuve.

La grande façade de Mansart, à l'ouest, a vue sur le cours inférieur de la Loire, et, de ce côté, l'aspect imposant des hautes constructions est digne d'un VALHALLA, et répond à l'idée scientifique la plus grandiose.

Sur l'emplacement des nobles constructions actuelles se trouvait autrefois le donjon du château, vieille tour carrée sans toiture apparente, et, au fond de la cour, à droite, la *Perche aux Bretons*, sorte de terrasse ou de bastion intérieur. Androuet Ducerceau nous a conservé les dessins de cet état primitif, en vue cavalière.

DISPOSITION GÉNÉRALE
DU CHATEAU DE BLOIS.

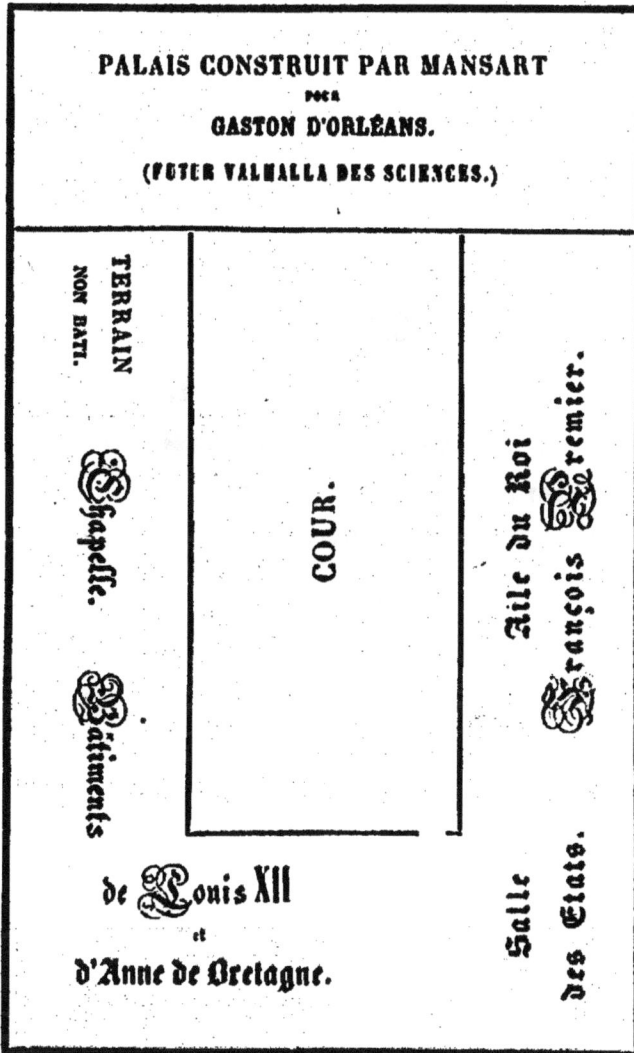

PALAIS CONSTRUIT PAR MANSART

POUR

GASTON D'ORLÉANS.

(FUTUR VALHALLA DES SCIENCES.)

TERRAIN
NON BATI.

Chapelle.

Bâtiments

de Louis XII

et

d'Anne de Bretagne.

COUR.

Aile du Roi

François Premier.

Salle

des États.

PLACE PUBLIQUE.

LA SCIENCE!

L'ASTRE-SOLEIL VIVIFIANT,

VERS LEQUEL UNE ADPULSION DOMINATRICE DIRIGE LES SOCIÉTÉS

ET POUSSE INVINCIBLEMENT

NOTRE CIVILISATION!

———◆———

ANNEXES THÉORIQUES.

I.

DÉFINITION DE LA DOUBLE TENDANCE PHILOSOPHIQUE DE LA SCIENCE.

Paris, le 1ᵉʳ août 1874
[Premier anniversaire séculaire de la découverte de l'oxygène, par Priestley (1)].

L'Atlantide du *Timée* et du *Critias* (PLATON) a été reprise dans notre âge moderne par l'immortel Bacon. Le grand philosophe s'est servi de cette fiction pour présenter au public scientifique ses idées sur plusieurs sujets, et entre autres sur le rôle de la Science.

Dans la nouvelle Atlantide, on voit la Science appelée à remplir systématiquement sa mission supérieure; les savants groupés utilement et, comme on dirait aujourd'hui, solidarisés, constituent des organes précieux de la Société imaginaire de François Bacon. Aujourd'hui,

---

(1) Cent ans environ avant ce dernier, l'Anglais Mayow aurait extrait ce même gaz du nitrate de potasse; deux cents ans avant Priestley, le Périgourdin Rey (médecin comme Papin) publiait un livre relatif à l'absorption de l'air par les métaux et à leur augmentation de poids. Peu de temps après Priestley, Schéele d'une part et Lavoisier de l'autre, sans connaître les expériences anglaises, obtinrent l'oxygène par différents procédés.

dans notre civilisation, le rôle des savants est arrivé peu à peu à atteindre presque ce niveau élevé pressenti par le grand rêveur de Vérulam.

Comme dans l'Atlantide de Bacon, les uns scrutent les phénomènes ou travaillent à constituer la philosophie de la Science; les autres font l'application des théories aux faits industriels, ou opèrent dans la sphère des travaux directement utiles.

Quelle est donc cette science si multiple en ses manifestations diverses? Quel point de vue général pourrait lui convenir? Quelle classification, en un mot, pourrait lui être donnée? Des penseurs, éminents à plusieurs titres, ont approfondi cette question : ce sont, en France, Ampère, Wronski et Auguste Comte; nous parlerons ici de ce dernier seulement. Cette classification constituait aussi une hiérarchie : les sciences particulières étaient enregistrées conformément à la *complication croissante* qui paraissait leur être inhérente; mais, en ce moment, c'est contre cette idée de complication, d'ordre différent selon les sciences, que je demande la permission de réclamer ici.

Les sciences, d'après Auguste Comte, se présentent ainsi : Mathématiques, Astronomie, Physique, Chimie, Botanique et Biologie. Pour nous, nous ne saurions donner à cette échelle ascendante une valeur réelle. Il est clair que les sciences *manus-karmiques*, c'est-à-dire œuvre de l'homme, pour employer une racine sanscrite, sont essentiellement différentes des sciences d'observation, et dans celles-ci les sciences ayant la vie pour objet sont différentes par nature de celles qui observent le monde inorganique.

Je dirai que les sciences ayant un objet complexe travaillent à remonter vers la conception simple, vers la loi; au contraire, les sciences ayant leur base dans

l'homme et créées par lui, comme la science des nombres
par exemple, ne peuvent se développer qu'en partant
du simple, et en passant ensuite aux degrés successifs
de complication, aux phases supérieures.

Toutes les sciences ont donc, à nos yeux, le même
caractère de complication, soit virtuellement, soit en
fait; mais les naturalistes sont bien obligés de prendre
la nature telle qu'elle s'offre à eux avec la surcomplica-
tion effrayante qu'on y reconnaît. D'autre part, que font
les créateurs par excellence dans les sciences, les mathé-
maticiens? Ils élèvent de plus en plus leur monument
en partant de bases simples; une émulation extrême s'é-
tablit entre les géomètres et les algébristes, et nous
voyons créer des doctrines sorties du cerveau humain et
déjà effrayantes aussi dans leur complexité profonde.
C'est ainsi que la Science s'efforce de créer un édifice
d'une complication approchant de celle de la nature, en
vue de permettre aux scrutateurs des phénomènes et des
faits réels de les rattacher aux diverses parties de l'é-
difice idéal.

Les efforts des penseurs scientifiques, des mathéma-
ticiens purs, permettent aux observateurs de connaître et de mesurer leur domaine, ou du moins tendent
à leur permettre de le faire. C'est une nature artificielle,
à laquelle, si on la suppose assez vaste et assez travaillée,
à laquelle, dis-je, la nature réelle se rattache par sections
parallèles : une certaine théorie de la science pure est
parallèle à la théorie planétaire, et sert à l'éclairer et à
la calculer; une théorie de géométrie idéale est parallèle à l'architecture mystérieuse des corps cristallisés;
les théories extrêmes où l'on parle d'équations du cent
quatre-vingtième degré, les théories des courbes les plus
transcendantes, ont des régions parallèles dans la vraie
nature, des régions où approximativement les mouve-
ments se font suivant ces lois transcendantes. Ainsi,

2

tandis que les créateurs se consacrent à faire surgir du néant des doctrines de plus en plus compliquées, les naturalistes s'efforcent de trouver dans les phénomènes l'élément plus simple, et assez simplifié même, pour se rattacher enfin à une des lois, compliquées cependant, fournies par les hautes doctrines. Ainsi les deux groupes de savants que nous avons envisagés marchent l'un vers l'autre; le moment peut être entrevu où leurs points de contact seront moins rares, où les lois numériques et géométriques qui président aux phénomènes d'ordre moléculaire et de tout ordre pourront être approximativement reconnues en quelques régions favorisées. Tel est, selon nous, l'intérêt philosophique des sciences mathématiques : c'est de marcher à la rencontre des sciences naturelles. Il n'y a rien là qui ressemble à une subordination de certaines sciences. En élevant un édifice théorique multiple et compliqué, on crée un palais où les divers groupes appartenant au monde naturel trouveront à se caser pour ainsi dire. Je demande la permission d'appuyer cette idée par la mention d'un exemple d'ordre médiocrement transcendant, mais qui semble propre à frapper l'esprit.

En mettant au jour la théorie de l'équidomoïde et des cristalloïdes géométriques, j'ai moi-même construit un ensemble morphologique, que certains savants trouvent vaste et même trop vaste. Cependant cet édifice, formant un tout complet en théorie, correspond en plusieurs de ses parties avec la nature elle-même. Une de ses ailes est constituée par le groupe des polyèdres, dérivant du prisme et de la pyramide. Or les plus beaux produits de la nature inorganique sont précisément nos polyèdres, les cristaux de la Minéralogie; de cette aile on passe par une façade centrale, celle des corps à surface semicourbe, c'est-à-dire polygonaux dans un sens et courbes dans un autre; après cette phase intermédiaire, on arrive à l'autre aile de l'édifice, celle des figures à surface absolument courbe en tous sens, et cette partie de ma construction répond aux corps astronomiques de la nature : il est évident que dès lors le regard du philosophe ne saurait mépriser ces figures théoriques dont le rapprochement établit un lien entre les deux groupes naturels si connus, et permet de les considérer comme un Tout grandiose.

Aujourd'hui, dans les questions plus complexes, ou transcendantes, dans les hautes branches de la Mécanique, etc., l'Analyse, d'une part, et la Géométrie de l'autre, sont en rivalité, et ces deux sciences rivalisent sans cesse, inconscientes, avec la nature immense et ultra-compliquée....

Le mathématicien fait de la nature sans le savoir.

Un modeste minéralogiste, auteur d'une *Philosophie de la Cristallographie*, soutenait seul depuis quarante ans que la formule du quartz (silice pure), par suite de nécessités géométriques et en raison de la forme cristalline, devait être, non pas SiO^3, mais SiO^2. Les travaux chimiques de M. de Marignac, de Genève, ont enfin donné raison à SiO^2, la vieille doctrine théorique de M. M.-A. Gaudin, lauréat de l'Académie des Sciences.

II.

EXAMEN GÉOMÉTRIQUE SOMMAIRE DES ORBITES PLANÉTAIRES
(*ovhélites*).

Note communiquée à la Société mathématique dans la séance du 28 avril 1875.)

———

Ce n'est pas à titre d'astronome, mais simplement comme philosophe géomètricien, que l'auteur demande la permission d'aborder l'étude de notre système solaire ; l'éminent Secrétaire perpétuel de la Classe des Sciences mathématiques, M. Bertrand, a récemment, par un travail analytique dont le retentissement a été considérable, ramené l'attention sur la question des orbites planétaires, dont la loi elliptique autrefois observée par Kepler et acceptée par Galilée et Newton avait été, on le sait, combattue pour un temps par Cassini.

Les progrès de l'Astronomie, tant par la discussion des observations télescopiques que par celle des expériences spectroscopiques (HUGGINS), nous ont révélé un mouvement nouveau du système solaire dans les espaces.

Il en résulte que l'orbite ou trajectoire de nos planètes n'est pas une réalité, une courbe fermée. Cette orbite constitue une courbe hélicoïdale à projection elliptique ou ovalaire, à laquelle il peut être utile de donner un nom et que je propose de nommer *ovhélite*.

L'axe de l'ovhélite terrestre paraît, comme on le sait, être dirigé vers l'étoile μ de la constellation d'Hercule.

Le Bernin a construit à Rome, dans le Palazzo Barberini, un escalier dit en limaçon, *sur plan ovale :* le limon de cet escalier décrit, en conséquence, une ovhélite.

Dans la description géométrique d'une telle courbe, le premier élément à signaler est le tracé ou *dextrorsùm* ou *sinistrorsùm*. C'est là, nous le croyons, ce qui n'avait pas encore été exprimé pour les orbites ou ovhélites planétaires (les satellites donneraient des courbes plus compliquées, que l'on peut considérer dans l'espace comme des ovhélites ondulées).

Théorème. — *Les ovhélites planétaires sont tracées sur les cylindres à section droite elliptique (sauf perturbation) ou du moins ovalaire. Une des lignes focales des susdites ovhélites est commune; cette ligne est la trajectoire solaire.*

La progression du mobile se fait sur les spires des ovhélites planétaires, en se rapprochant du ciel du Nord.

Les ovhélites planétaires et l'ovhélite terrestre sont géométriquement des *ovhélites sinistrorsùm.*

———

La Terre parcourt une spire entière de son ovhélite en une année sidérale. Le *pas* de l'ovhélite terrestre est approximativement les $\frac{5}{6}$ du diamètre moyen de la spire (1) ou du cylindre spirifère de l'ovhélite.

———

Pour tenir compte de la précession des équinoxes, on devra remarquer que le cylindre ou noyau de l'ovhélite manifeste une légère torsion *dextrorsùm.* Cette torsion correspond à une révolution entière de la section du noyau fictif, pour vingt-six mille spires environ (2).

———

(1) D'après les évaluations de Struve on arriverait au coefficient $\frac{4}{5}$.

(2) En se basant sur le déplacement axial de 444 millions de kilomètres par spire (chiffre de Struve), la longueur totale parcourue, comptée sur l'axe de l'ovhélite, est, pour une torsion de 360 degrés *dextrorsùm*, de 11544 milliards de kilomètres, et la longueur de l'ovhélite (*sinistrorsùm*), rectifiée dans les limites de 26000 spires, serait alors de 40000 milliards de kilomètres. Tel est approximativement le parcours effectif de notre globe sur son orbite réelle, l'ovhélite terrestre, pendant tout un cycle équinoxial.

L'ovhélite ondulée de la Lune possède les mêmes conditions géométriques que l'ovhélite terrestre. Elle présente, de plus, environ douze ondulations doubles par spire. L'amplitude de chaque oscillation, de part et d'autre de l'ovhélite terrestre, est de $\frac{1}{480}$ du moyen rayon de la spire ovhélitique.

———

Les temps étant toujours proportionnels aux aires de la section elliptique, les ordonnées (obliques) comptées à partir d'un plan de l'écliptique pris pour base sont proportionnelles aux aires décrites en projection. (Ceci se complique, par l'obliquité de notre mouvement vers μ d'Hercule.)

Dans l'ovhélite architectonique (BEAXIN), le balancement des marches dans l'épure exige qu'approximativement les ordonnées verticales soient simplement proportionnelles à la courbe, à la rectification de l'ovhélite, et non pas à la quadrature des aires en projection.

Dans l'ovhélite astronomique planétaire, par suite des obliquités vers Hercule, il existe alternativement une demi-spire accélératrice du mouvement moyen de la planète et une demi-spire retardatrice. D'ailleurs, on le répète, le mouvement propre est rendu complexe par le fait de l'excentricité et de la proportionnalité aux aires.

L'auteur se propose de revenir bientôt, avec plus de détails, sur ce premier essai de *Cinématique céleste*.

III.

BASE SCIENTIFIQUE DE LA NUMÉRATION DÉCIMALE.

Dans le temps même où la science moderne s'occupait à créer une base théorique absolue pour le mouvement des planètes qui nous entourent et de celle qui nous porte, l'auteur cherchait de son côté à donner une base pareille à la numération décimale, universellement répandue chez toutes les nations de la Terre.

Géomètre international par excellence, en ce qu'il s'est placé (au nom des arts orientaux) au-dessus des superstitions scientifiques dont la sphère est l'objet dans notre Occident, l'auteur, après avoir combattu sur le terrain géométrique, en faveur des figures polygonales, qu'il considère comme primordiales, a songé à tirer de cette science marmoréenne, la Géométrie, une base incorruptible et absolue, pouvant servir à la science sœur, l'Arithmétique, pour y asseoir les fondations mêmes de tous ses calculs.

La théorie de l'auteur a été l'objet de la Lettre suivante, adressée par lui à la Conférence diplomatique du système métrique, siégeant au palais des Affaires étrangères à Paris :

Monsieur le Président,

J'ai l'honneur de soumettre en quelques lignes à la Conférence internationale du mètre la doctrine dont je suis l'auteur, doctrine établissant *la base scientifique du système décimal et métrique.*

Tout le monde est d'accord sur ce point, que la base de la numération décimale n'a eu jusqu'à ce jour rien de scientifique, et que, même au point de vue anatomique, elle est purement contingente.

Je propose aujourd'hui d'utiliser une des plus anciennes et des plus curieuses théories de la Géométrie, restée jusqu'à ce jour sans emploi, pour établir un lien entre la Géométrie et l'Arithmétique, en donnant comme base à cette dernière science un *nombre absolu et éternel*.

Il s'agit du groupe des *polyèdres réguliers* déjà exploré par le vieux Pythagore et partiellement mentionné dans le *Timée* de Platon. Les travaux d'Euclide et d'Hypsiclès, reprenant ceux d'Aristée l'Ancien, ont constitué la première section des réguliers (les convexes, au nombre de cinq).

Les recherches de Cauchy et de Poinsot surtout ont constitué une seconde section [les étoilés au nombre de quatre (1)].

Le savant Secrétaire perpétuel, M. Bertrand, dans les *Comptes rendus*, a démontré que ces réguliers formaient un tout complet et absolu.

En y joignant à mon tour la sphère (qui est le régulier infinioïdique), j'arrive à constituer géométriquement le nombre infranchissable de DIX.

Les neuf polyèdres et la sphère sont ainsi assimilés aux neuf chiffres et au zéro, et, suivant une remarque qui m'a été suggérée, il est curieux de voir que la répartition mystérieuse des nombres premiers (dans les neufs chiffres, on a cinq premiers et quatre non premiers) se reflète dans les réguliers convexes ou étoilés.

Telle est donc, selon moi, *la conception philosophique et vraiment scientifique du nombre fondamental DIX :* après plus de deux mille ans, la théorie des réguliers est parvenue enfin à trouver son application, et je ne pouvais manquer, après avoir communiqué ces vues à diverses Sociétés savantes, de les porter aussi à la connaissance de la haute Commission internationale siégeant en ce moment à Paris.....

1er mars 1875.

---

(1) En marge on voyait les croquis des neuf figures et de la sphère.

LETTRE ADRESSÉE

A LA

RÉUNION DES SOCIÉTÉS SAVANTES DES DÉPARTEMENTS.

***

BASE PHILOSOPHIQUE-GÉOMÉTRIQUE DU SYSTÈME DÉCIMAL ET MÉTRIQUE.

La question métrique décimale est une question appartenant en quelque sorte à la France; en conséquence, il n'est pas téméraire, ce me semble, d'entretenir un instant les Membres des Sociétés savantes françaises, réunis en *plenum* national dans notre vieille Sorbonne, de la base scientifique donnée enfin, après tant de siècles écoulés, à l'Arithmétique universelle ou décimale, base que le soussigné croit avoir trouvée dans une science connexe, la Géométrie primordiale.

D'une part, l'Arithmétique à base duodécimale eût offert, pour ce que les anciens appelaient *logistique*, c'est-à-dire pour le calcul, l'avantage de la divisibilité par trois et par quatre; mais il était écrit que cette base duodécimale serait, dès l'origine de l'humanité, primée par la base décimale qui résulte forcément du calcul digital (1).

D'autre part, cette habitude digitale à laquelle nous devons notre numération actuelle, si elle n'a rien de scientifique, n'a rien, non plus, que de très-contingent au point de vue anatomique. La tendance au développement de doigts surnuméraires existe dans certaines familles, ainsi que j'ai eu occasion de le rappeler devant la Société de Géographie, en présence et avec l'assentiment du savant M. de Quatrefages. Je citais, en cette circonstance, les familles romaines, dites *sedigiti* dont l'histoire nous a conservé la trace.

Les dix doigts et la numération qui en dérive n'ont donc rien d'absolu; l'Arithmétique repose sur une simple habitude dont le choix n'a rien de philosophique.

***

(1) Le calcul digital aurait eu un instant une tendance ou phase *quintique*, si l'on s'en rapporte aux plus anciens textes d'Homère, dans lesquels figurerait le verbe πεπτάζειν, *quintiser*.

Il n'est donc pas sans intérêt, surtout au moment où les mesures décimales métriques se répandent dans tout l'univers, de chercher à fournir enfin à ce système, dû à la science française principalement, une base sérieusement scientifique. Aujourd'hui, d'ailleurs, on peut affirmer en toute vérité que le nombre 10 est inscrit en tête du livre éternel de la Géométrie en caractères resplendissants, tracés eux-mêmes par des hommes illustres entre tous. Il s'agit, etc., etc. (La suite comme à la Lettre précédente.)

31 mars 1875.

———

Dans la séance du 22 mars 1875, MM. Chasles, Hermite et Ossian Bonnet ont été nommés commissaires, par l'Académie des Sciences, pour la *Théorie hugodécimale.*

———

De la propriété régulière essentielle de l'Espace, de l'Absolu régulier, avoir fait jaillir le nombre DIX!

TABLE DES MATIÈRES.

1763. — Paris. — Typ. de ROUGE, DUNON et FRESNÉ, rue du Four-Saint-Germ., 43.

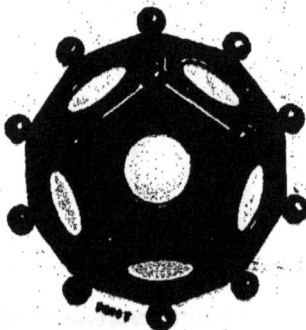

(demi-grandeur.)

DODÉCAÈDRE ANTIQUE
en bronze,

Découvert, en double exemplaire, par l'auteur, parmi les annexes de la collection Durand, au Louvre, et figuré dans le tome 1er du *Bulletin de la Société mathématique*.

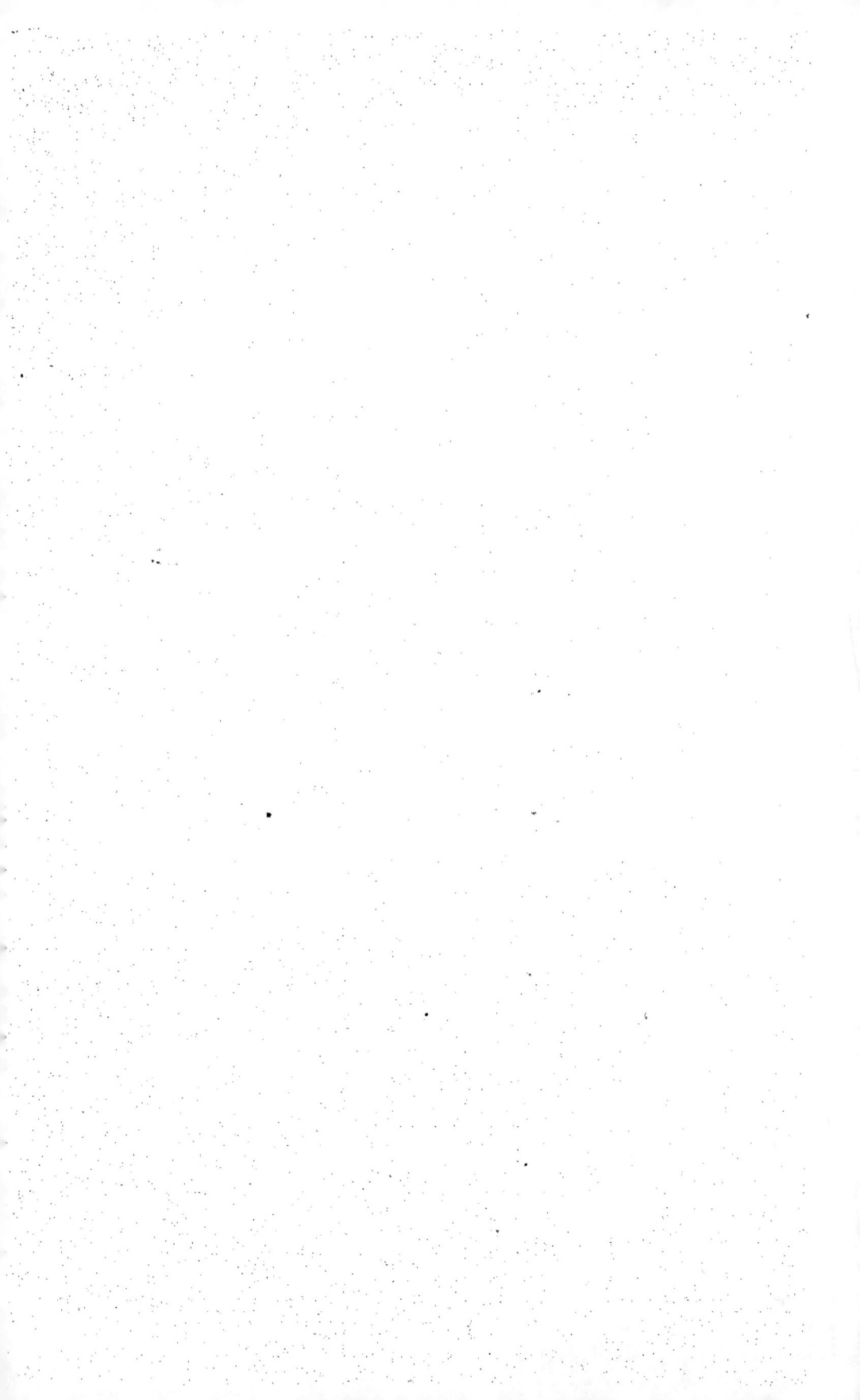

www.ingramcontent.com/pod-product-compliance
Lightning Source LLC
Chambersburg PA
CBHW060528200326
41520CB00017B/5166